发生在家里的怪事情

居家安全有妙招

朱晓华 ◎ 编著

U0344025

化学工业出版社

·北京·

这套故事彩图版的小学生安全自救知识小百科包括《发生在家里的怪事情》《校园里的安全隐患》《游戏也疯狂》《野外遇险大考验》四本，围绕一对可爱的双胞胎奇可、妙可和他们的同学道明、宠物狗毕加，讲述了他们在家、在学校、在游戏中、出游野外四个不同场所所经历的故事，选取了100种孩子常会遇到的安全隐患，用100个惊险连连的安全小故事、100种实用的安全自救自护方法、100个趣味盎然的奇思妙想、100个启迪智慧的知识链接、100个紧贴生活的小提问，呈现低年级学生应该学到的安全知识。本书图文并茂、生动有趣，让孩子爱看，并通过本书让他们学会保护自己，让家长放手又放心。

图书在版编目（CIP）数据

发生在家里的怪事情：居家安全有妙招/朱晓华编著. —北京：化学工业出版社，2018.10

（小学生安全自救知识小百科）

ISBN 978-7-122-33064-2

Ⅰ.①发… Ⅱ.①朱… Ⅲ.①家庭安全—儿童读物
Ⅳ.①X956-49

中国版本图书馆CIP数据核字（2018）第216926号

责任编辑：旷英姿
责任校对：杜杏然　　　　　　　　　装帧设计：关　飞

出版发行：化学工业出版社（北京市东城区青年湖南街13号　邮政编码100011）
印　　装：北京缤索印刷有限公司
787 mm×1092 mm　1/16　印张5¼　字数150千字　2019年3月北京第1版第1次印刷

购书咨询：010-64518888　　　　　售后服务：010-64518899
网　　址：http://www.cip.com.cn
凡购买本书，如有缺损质量问题，本社销售中心负责调换。

定　　价：25.00元

前　言

　　安全胜于一切！孩子的安全是父母最揪心的牵挂，让孩子安全地成长，是父母最大的期望。我们不可能永远把孩子牵在自己的手心里，他们必须在外面的繁华世界里磨炼、砥砺，他们的成长总是伴随着或大或小的伤痛。守护孩子不如教会他们安全自救自护的本领，只有这样，我们才能放手，才会放心。

　　这套故事彩图版的小学生安全自救知识小百科包括《发生在家里的怪事情》《校园里的安全隐患》《游戏也疯狂》《野外遇险大考验》四本，图文并茂、生动有趣、内容丰富。100个惊险连连的安全小故事、100种实用的安全自救自护方法、100个趣味盎然的奇思妙想、100个启迪智慧的知识链接、100个紧贴生活的小提问。围绕一对可爱的双胞胎奇可、妙可和他们的同学道明、宠物狗毕加，讲述了他们在家、在学校、在游戏中以及在野外出游四个不同场所所经历的故事，解析100种孩子常会遇到的安全隐患，呈现低年级学生应该学到的安全常识。让孩子在故事里学会保护自己、增长见识、提高抗险能力，让家长放手又放心。

　　我们满怀着对孩子的爱与期待编写了这套书，希望带给孩子们不一样的收获。

主人公简介

主人公奇可、妙可是一对可爱的双胞胎，毕加是他们家的一只宠物狗。

★★★★★★★★★★★★★★★★★★★★★★★★★★★★★★★★★★★★

"探险大王" 奇可是一个男生，自称为"探险大王"，他非常调皮，好奇心很重。用妈妈的话说就是"看不得的偏要看看，摸不得的偏要摸摸，吃不得的也想尝尝"。为此，爸爸妈妈非常头疼。幸亏他有一个细心的跟屁虫妹妹，每每在他置身危险的时候都能帮助他巧妙避险。所以，尽管奇可觉得男生后面总跟着个胆子小的女生很烦，但不得不经常和妙可一起行动，因为只有这样，才可以避免爸爸妈妈的唠叨。

优点： 好奇、勇敢、乐观、精力旺盛、行动迅速、失败了也不气馁……

缺点： 太好奇、大大咧咧、有些瞧不起小女生。

口头禅： 你们看我的……

★★★★★★★★★★★★★★★★★★★★★★★★★★★★★★★★★★★★

"安全小保镖" 妙可是一个女生，非常细心，善良可爱。虽然胆子有些小，但在跟着奇可"闯荡"的过程中，学到了很多科学知识，胆子也变得越来越大。因为总能帮奇可巧妙避险，屡屡被奇可称为"幸运星"，她也乐得接受这一称呼。妙可还有一个伟大的理想呢，那就是希望能成为所有小朋友的"幸运星"。

优点： 细心、好学、善良可爱、懂得照顾人……

缺点： 有一点点胆小。

口头禅： 让我想一想……

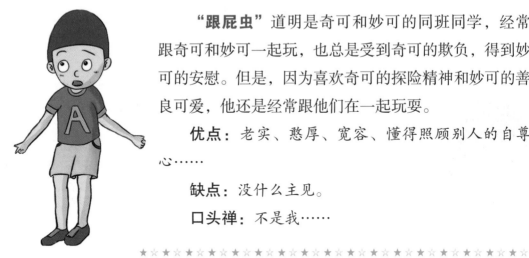

"跟屁虫" 道明是奇可和妙可的同班同学，经常跟奇可和妙可一起玩，也总是受到奇可的欺负，得到妙可的安慰。但是，因为喜欢奇可的探险精神和妙可的善良可爱，他还是经常跟他们在一起玩耍。

优点：老实、憨厚、宽容、懂得照顾别人的自尊心……

缺点：没什么主见。

口头禅：不是我……

★☆★☆★☆★☆★☆★☆★☆★☆★☆★☆★☆★☆★☆★☆★☆★☆

宠物狗毕加是一头可爱的拉布拉多犬，聪明温顺，总被当成"替罪羊"或"倒霉蛋"，却还是喜欢跟在奇可和妙可的后面。

优点：聪明温顺、忠诚勇敢。

缺点：到底不如奇可和妙可聪明……被逼急了的时候也咬人。

口头禅：汪汪……

　　奇可和妙可的爸爸妈妈都出差了，照顾他们的外婆也临时有事出去了。于是，这对淘气的双胞胎和一只宠物狗就在家里上演了一通"小鬼当家"：遭遇陌生叔叔、遇到入室小偷、不小心电路起火、天然气泄漏、烫伤、咬伤……"事故"层出不穷，幸运的是一次次都化险为夷。不光是妙可，就是胆大的奇可，也常常被吓得哇哇大哭。这些"事故"你也遇到过吗？遇到这些情况时你该怎么做？嗯，别急，咱们一起去看看奇可和妙可的"当家历险故事"，学一学他们的家庭自救方法——

1 哪来的怪怪气味？

妙可和毕加饿极了，奇可打算给他们做饭。

妙可闻到了奇怪的气味，张大嘴巴惊叫，在书房里玩电脑的奇可一脸茫然。

奇可摸着脑袋恍然大悟，小狗毕加汪汪大叫。

妙可阻止奇可打电话。

安全小保镖

遇到天然气泄漏时，我们应该怎么做呢？

① 关闭天然气总阀门（平时要注意观察家里的天然气总阀门在哪里）。

② 打开家里的门和窗户，让新鲜空气流进来。

③ 要特别注意不能打电话、不能开电灯哦，否则它们产生的电火花会引发爆炸（这也是为什么加油站不允许接打电话的原因）。

④ 迅速撤离，赶紧离开室内到安全的地方去。

小博士教知识

煤气中毒的急救误区：

我宁愿吃干粮也不要你做饭了……

误区一 煤气中毒后冻一下就会醒。

错！寒冷只会加重缺氧，甚至会诱发休克和死亡。

误区二 有臭味才是煤气泄漏。

错！煤气的主要成分是一氧化碳，无色无味，有时没闻到臭味也可能会中毒。

误区三 炉子边放一盆清水就可预防煤气中毒。

错！一氧化碳是不溶于水的，放清水没用，关键是需要保持通风。

误区四 煤气中毒的人醒来了就没事了。

错！煤气中毒后要到医院去看医生，重症患者要一到两年才能完全恢复健康。

发生在家里的怪事情

链接 妙可的日记 ▶

今天，妈妈带我和奇可到乡下的舅舅家去玩。我看见了一个奇怪的东西，妈妈说那是煤炉，里面放上燃烧的煤球，就可以用来烧开水或煮饭炒菜了。妈妈还告诉我，我们家以前用的是煤气。我很好奇，不知道煤气是不是舅舅家用的煤球烧出来的气呢？要是那样，得用多少煤球才能烧出我们用的煤气啊？

小朋友，想想看厨房里都隐藏着哪些危险？

2 这个池塘不好玩

探索小故事

妙可推开门大叫，小狗毕加正欲夺门而逃。

奇可平时不注意收拾房间，随意放在地上的书包也被浸泡得湿淋淋的。

妙可逆着水流找到了漏水的地方。

奇可拿着毛巾去堵漏水的地方，反而被溅得一身水。

安全小保镖

遇到水管漏水时，我们该怎么做呢？

① 首先，切断家里的电源，因为水可以导电，容易发生危险。

② 找到家里的水阀门，马上关掉。

③ 用抹布等将漏水的地方缠住，防止水流四处喷溅，同时用抹布、毛巾等堵住门缝，以免其他房间进水。

④ 记得告诉爸爸妈妈，尽快请水管修理工来修理。

小博士教知识

为什么水管在冬天容易爆裂？

因为冬天水管内残留的水容易冻结成冰，体积变化发生膨胀，就可能挤爆水管。

链接 **奇可的日记** ▶

我一直觉得特别奇怪，为什么每家的客厅都是一个模样的？

我们家的、道明家的，都是一套大沙发、一个大茶几、一个电视墙加一台电视机……

我最喜欢玩水，妙可特别喜欢玩沙子，我希望我们家的客厅能变成这个样子：墙边种上花草、中间建一个小水塘和一片沙滩。当然，电视机还是要有的，最好四面墙上都有，这样，我们就可以在客厅里玩水玩沙子，随便哪个方向都可以看到动画片了！

毕加的小提问

小朋友，知道水有哪些用处吗？水可能会带来哪些危险呢？

3 我被关在电梯里啦！

电梯门口，奇可神气地招呼妙可和小狗毕加。

奇可和妙可登上电梯，小狗毕加也一溜烟地跟着跑了进来。

电梯突然"咚"的一下停了下来。两人使劲扳电梯门，可是电梯门纹丝不动。

妙可拼命拍着电梯门，电梯发出"嘭嘭"的响声，小狗毕加也"汪汪"大叫起来。

安全小保镖

如果被困在电梯里，我们该怎么办呢？

① 镇定下来，不要慌张，赶紧再按一下其他楼层的按钮，确定电梯是不是真的无法正常运行了。

② 按下电梯里的"紧急按键"，向监控中心发出求救信号。

③ 如果警铃没有响，用力拍打电梯门，发出响声引起别人的注意。

④ 要记得保存体力，间歇性地拍门，尤其是听到外面有人经过时要大声呼救。

小博士教知识

如果遇到电梯急速坠落的情况，我们该怎样做呢？

① 赶紧把每一层楼的按键都按下。

② 如果电梯里有扶手，赶紧伸出一只手紧紧抓住扶手。

③ 整个背部和头部紧贴电梯内墙，呈一直线。

④ 膝盖呈弯曲姿势站立。

小样儿……

链接 **妙可的日记** ▶

今天真累，我跟哥哥一起去登山了。

本来我想坐缆车上去的，可是从山脚到山顶，缆车只有两站，奇可不想错过路上的风景，我只好跟着他一起爬山。

要是这缆车也设计成电梯一样就好了，每隔几米就有一层，我想去哪一层就去哪一层……

小朋友，乘坐电梯的时候你会怎么做呢？

4 丢脸的"勇士"

放学回家，妙可翻开书包后傻眼了。

奇可攀着墙上的水管，准备往阳台上爬。

妙可大叫，毕加也"汪汪"大叫……

奇可果真从墙上摔下来，捂着屁股直叫唤。

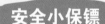

安全小保镖

如果钥匙不见了，我们进不了家门，该怎么办呢？

① 不要慌张，仔细回忆钥匙放在哪里了。

② 爬墙绝对不是勇士的表现，千万不能效仿。

③ 先到熟悉的邻居或小区的保安那里休息等候家人回来。

④ 找个地方打电话给爸爸妈妈，让他们尽快回家。

小博士教知识

钥匙和锁是怎么来的？

　　原始人过着穴居生活时，为了防止野兽的袭击，要推动巨大的石头来挡住洞口，相当于安了个巨锁。后来，随着私有制的诞生，也就有了锁。不过，最早的锁没有机关，只能说是一种象征性的锁，这种锁被做成老虎等凶恶动物的形状，想借此把窃贼吓走。据说鲁班是第一个给锁装上机关的人。古代的锁是靠两片板状弹簧的弹力工作。直到现在，这种弹簧装置仍在应用。古埃及人是世界上最早使用钥匙的，不过比中国人使用锁要晚一些。

链接 **奇可的日记** ▶

今天本来想好好展示一下我的"蜘蛛人"功力，结果反而从墙上掉下来了，太丢人啦！

为什么壁虎可以在墙上自由地爬来爬去？老师说是因为它的脚掌具有吸盘一样的功能，我的手掌和脚掌上要是也能长四个吸盘就好了，同学们都会把我当"英雄"的！而且，万一哪天再忘记带钥匙，我就可以轻轻松松地爬墙进屋啦，让妙可嫉妒去吧！

小朋友，如果进不了家门，我们能向陌生人求助吗？

5 天啊，毕加也咬人

毕加摇着尾巴很兴奋地向奇可跑过来。

奇可两只手按住毕加。

奇可掏出打火机，用火点燃了毕加的眉毛。

毕加疼痛难忍，咬了奇可的手。

安全小保镖

如果不小心被小狗或小猫等小动物咬伤或抓伤，我们可以这么做：

① 迅速用肥皂水或清水对伤口进行彻底清洗，清洗时间不少于15分钟。

② 用碘伏对伤口进行消毒（**家里最好要常备碘伏哦！**）。

③ 24小时内一定要到医院注射狂犬疫苗。

④ 如没有伤及大血管，不要包扎伤口。如必须包扎缝合，请先注射狂犬疫苗。

小博士教知识

为什么被猫抓伤也要注射狂犬疫苗？

答： 因为猫也会携带狂犬病病毒，一旦被猫或犬类动物抓伤、咬伤，无论是否出血，只要皮肤有破损，都要注射人用狂犬病疫苗。小猫小狗是否有狂犬病，人的肉眼是看不出来的，而且狂犬病只能防，不能治。到目前为止，医学界还没有治好过狂犬病的先例。所以，以后小朋友不要随意招惹小猫小狗。

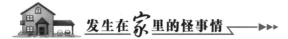

链接 **奇可的小笑话** ▶

奇可：我想训练毕加，让它想吃饭的时候就叫！

道明：那不很容易吗？狗狗本来就这样！

奇可：可是我已经教了它100次了！

道明：怎么样？它学会叫了吗？

奇可：没有，现在变成了这样，我不学狗叫，它就不吃饭！

道明：我真被你打败了……

 小朋友，怎样才能和小动物和平相处呢？

6 奇可大战蟑螂

奇可撅起屁股，翻开橱柜的底层去找他的"子弹"。

妙可撅着嘴巴，递给奇可一把锤子。

橱柜底下列队爬出一群蟑螂，奇可惊恐地大叫起来。

妙可手持杀虫剂，对着蟑螂喷去。

安全小保镖

家里来了蟑螂，我们该怎么办呢？

① 咨询疾控中心消杀部门，找到适合自己家的杀灭蟑螂的方法。

② 在家里蟑螂出没的地方投放灭蟑螂毒饵、喷洒杀虫药、涂抹杀蟑螂粉、撒药粉、施放杀虫烟雾或使用粘捕盒、诱捕瓶等。但是一定要注意这些药剂不能喷洒到人及食物上。

③ 进行大扫除，清理易于蟑螂生存的脏乱环境。

④ 号召整栋楼或整个小区一起灭杀蟑螂，否则别人家的蟑螂有可能爬到自己家来。

连蟑螂都来咬我了，谁都欺负我！

小博士教知识

蟑螂会咬人吗？

蟑螂通常不会咬人和其他活着的动物。它们很怕人，见人就躲，但也有特殊情况，比如它意识到危险降临的时候，也有可能咬人。蟑螂本身没有毒素，但是蟑螂会携带病毒、细菌、寄生虫等。如果人被蟑螂咬了，有伤口的话，可以先用清水冲洗，再涂上碘伏或酒精消毒就可以了！如果比较严重，引起皮肤红肿或过敏，最好去医院检查。

链接 **妙可的日记** ▶

今天，李老师狠狠地批评了我们，我认为她批评得很对。

上午，林强同学的妈妈到学校来找他，正是下课的时候，她站在教室门口大声叫"小强"，结果被奇可他们听见了，都追着林强叫"蟑螂"！林强可委屈了。李老师知道后，批评了我们，尤其是带头叫林强"蟑螂"的奇可，她希望我们以后不要乱给同学取绰号！

但我还是不太明白，"蟑螂"为什么叫"小强"呢？

小朋友，想想看我们身边还有哪些常见的害虫呢？

7 电视机"发火"啦！

奇可和妙可坐在沙发上争抢遥控器，奇可举得高高的，妙可觉得特委屈。

电视机突然起火了，奇可和妙可惊恐万分。

奇可端起一大盆水准备灭火，妙可赶紧制止他。

妙可拔下插头，松了一口气。

安全小保镖

电视机"起火"的时候，我们该怎么做呢？

① 立即拔掉插头，切断总电源。

② 这时千万不能用水灭火，不然会触电，还会助长火势。

③ 迅速用棉被、毯子等把电视机包住，隔绝空气，火苗就会熄灭。

④ 做完上述事情后，尽快打电话通知父母，或向邻居求救。

谢谢你，毕加，不过太小了点吧。

小博士教知识

电视机"发火"一般都有如下原因：

① 散热不良。电视机会发热，而许多人在打开电视机后没有拿掉罩布。

② 电压不稳。

③ 不使用时没切断电源，电视机也会"生气"的。

④ 电视机带"病"工作或受潮进水。

⑤ 遭遇雷击。

⑥ 电视机柜里存放了易燃易爆气体、液体等危险品，在电视机开、关或换台时，产生的火星引起燃烧爆炸。

链接 奇可、妙可的小笑话 ▶

奇可："唉，真倒霉呀，又停电了，我怎么看电视呀！"

妙可："别急，让我想一想……"

奇可："你还有什么好办法？"

妙可："咱们点上蜡烛不就可以看了？"

奇可："我服了你啦！"

毕加的小提问

小朋友，你每次看电视都看多长时间呢？看久了，电视机有可能会"发火"哦！

8 别动，我是警察！

探索小故事

妙可一边侧耳听一边小声问奇可，毕加正睡得"呼噜呼噜"的。

妙可贴着门缝往外看。

奇可一手持玩具手枪，一边指挥毕加，妙可则把手放在嘴边做出"嘘"的样子。

妙可拿起家里的电话，小声地打电话，奇可和毕加则守卫着房间的门。

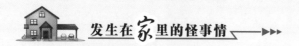

安全小保镖

如果家里来了小偷，我们该怎么办？

① 在小偷还没进入自己房间时，打开灯，假装和别人说话，把小偷吓走。

② 切记不要冲出去抓贼，以避免生命危险。

③ 打110电话报警，或打楼上楼下邻居家的电话。

④ 如果没法打电话，可用绳子系着重物，从窗口扔下去敲打邻居家的窗户，引起他们的注意。

小博士教知识

小偷真能用口香糖打开门锁吗？

将嚼过的口香糖塞入门锁锁孔按实，可以改变锁芯的结构，对于防护级别较低的"一字锁"，很容易转动锁芯，将门锁打开。防范"口香糖大盗"最简单的办法就是更换锁芯，选用防护级别更高的B级锁或C级锁。此外，出门时用钥匙反锁一下门锁，也可以提高防盗系数。

链接 **奇可的日记** ▶

今天，我差点被别人当成了真正的小偷！

上午，我和道明、迪亚等几个人一起，到区政府的后院去玩"警察与小偷"的游戏，我本来是演"警察"的，为了抓到"小偷"，我蹑手蹑脚地在仓库后"侦察"，结果被守门的大爷看见了，以为我是真的小偷，把我"抓"到了门卫室，还要叫爸爸妈妈来领人呢！

幸亏带妙可一起去了，这次还多亏她救急呢！守门的大爷不相信我的话，不知道怎么就相信她的话！

小朋友，知道嚼过的口香糖应该怎么处理吗？

⭐9 这颗"巧克力"不好吃！

探索小故事

奇可一身武士装扮，高喊着口号。

奇可从家里的医药箱翻出一板巧克力豆模样的药丸，十分惊喜。

奇可一边吐一边大叫，毕加也吐着舌头一副苦相。

奇可抱着肚子，痛苦地蹲在地上。

安全小保镖

如果误吃了药丸，我们该怎么办呢？

①吃任何东西之前，都要仔细地查看包装上的说明书。

②如果不小心误吃了药丸，一定要马上告诉爸爸妈妈。

③尽快使用催吐的办法，将误食的药丸吐出来。

④严重的情况还要立即去医院，请医生处理。

糟糕了，我把口香糖吞进肚子里了，我的肠子会不会被粘起来？

小博士教知识

小朋友把口香糖吞进肚子里会不会出危险？

有些人认为，口香糖和泡泡糖黏性很强，万一被吞下肚去，会粘住肠子引起肠梗阻。事实上，即使把口香糖咽下去了，也并不会有什么危险，因为口香糖虽然含有一定的胶质，但进入胃里，遇到胃酸后，在酸的作用下，经过水解，再加上消化液——酶的作用，最后口香糖已经完全变性了，会通过正常的消化途径被排出体外。所以，小朋友吞下口香糖一般是不会发生什么危险的。但是，这可不代表以后就可以随意吞口香糖，想想，既没营养又没什么味道，吞到肚子里只会加重肠胃的负担，有必要吗？

链接 奇可的日记 ▶

我今天又闹笑话了!

今天上午,我在妈妈房间的抽屉里发现一种很大颗的黑色丸子,跟前几天我在电视上看到的"超人"吃的"大力能量丸"一样,于是我毫不犹豫地吃了一大颗。结果妈妈回来后立刻就发现了,她哈哈大笑起来。原来这药丸是"乌鸡白凤丸",是妈妈吃的!天啦,我又出丑了!希望妙可不要告诉别人!

一定很好吃!

有我的狗粮好吃吗?

毕加的小提问

小朋友,生病的时候,你能主动听医生的话吃药吗?

10 厨房里的尖叫

奇可往灶上的锅里倒油，妙可和毕加用崇拜的眼光看着他。

奇可扭头问妙可。

奇可往油锅里倒水，油锅冒出大火，毕加摇着尾巴蹿了出去。

妙可大叫。奇可赶紧用锅盖盖上，火势渐小。

31

安全小保镖

油锅起火时，我们该怎么办呢？

① 油锅起火时不能用水灭，否则会越烧越猛烈。

② 用锅盖盖住油锅，隔绝空气后火会自然熄灭。

③ 关掉燃气阀门，以免引发更大的火灾。

④ 小朋友如果想学做饭的话，一定要有大人在旁边指导。

如果这里起火了，得要一个多大的锅盖啊？

小博士教知识

为什么油锅起火不能用水灭？

用水灭火主要是为了两个目的：一是降温；二是用水覆盖物体表面使之隔绝空气。如果想用水去浇灭油燃烧引起的火灾，那是很困难的。一方面是因为油比水轻且油与水不互溶，达不到传递热量和降温的效果；另一方面是因为油比水轻，水会下沉而油会上浮，所以用水去灭火起不到为燃烧物体隔绝空气的作用，反而可能加大火势。

链接 **妙可的日记** ▶

　　今天，外婆跟我讲了一个笑话：妈妈很小的时候，有一次外婆不在家，她想做蛋炒饭吃。就把洗好的米倒进锅里，再打了一个鸡蛋放在里面，然后开了火使劲地炒。炒啊炒啊，半天也没炒出蛋炒饭……外婆回家后，看着一锅的"蛋炒米"哭笑不得！

　　小朋友，你学会了做哪些家务活呢？

11 不要叫我"小老头"

妈妈带回来一只酱板鸭，奇可和妙可馋得口水直流。

餐桌旁，奇可狼吞虎咽，毕加也是一副狼吞虎咽的样子。

奇可手捏喉头，一副痛苦的模样，毕加也被卡住了，痛苦地"汪汪"叫。

妙可一边帮奇可拍背，一边数落他。

安全小保镖

吃东西的时候，如果不小心被噎住了，我们该怎么办呢？

① 先用咳嗽的方法，使劲儿咳出食物。

② 如果咳不出来，可用手指伸进嘴里，刺激舌根催吐。

③ 站直，抬起下巴，使气管变直。把心窝挤靠在椅子背的顶端或桌子的边缘，然后对着胸腔上方突然猛捶，噎住的食物一般就能咳出来。

④ 如果这些方法都不管用的话，必须尽快去医院请医生处理了。当然，最好的方法还是慢慢吃，不管那些食物有多么好吃。

为什么我老是被鱼刺卡、被饭噎呢？

馋的呗！

小博士教知识

为什么有时候我们吃东西会被噎住呢？

食物从嘴里进到胃里，要经过细长的食管。食管并不是上下一样粗的，它有三个位置比较窄。如果食团大，加上吃得太急或没有嚼碎就咽下去，很容易堵在食管中某个狭窄的地方。噎住了怎么办呢？不要紧张，休息一会儿，让食物自己慢慢下去。如果噎得不厉害，可以喝点水冲一冲。但要清楚噎住自己的是什么食物。如果是糯米团这类黏性大的东西，水会堵住余下的空隙，加重窒息。如果是花生豆这类的干果卡住了喉咙，也不应该喝水，因为干果遇水会膨胀，从而将食管卡得更严实。

链接 **妙可的日记** ▷

原来人老了会那么不容易……

吃饭的时候，我不小心噎住了，好不容易咽下去了，又咳了好久，弄得奇可笑我是个小老太太。奇怪，这次我并没有因为奇可的嘲笑感到难堪，反而想到，原来人老了以后，会这么不容易！以后奶奶噎住了的时候，我再也不笑话她了！

小朋友，吃东西的时候应该怎样做才不会被噎着呢？

12 我是妈妈的"小帮手"

妙可身系小围裙，手捧一大叠碗准备帮妈妈做家务。

妙可把碗堆在水槽里，皱着眉头将洗涤剂倒进去。

水龙头喷出的水混着洗涤剂"哗"地溅到了妙可的眼睛里。

妙可坐在小凳子上，妈妈给她的眼睛滴入眼药水。

安全小保镖

如果洗涤剂溅到了眼睛里，我们该怎么做呢？

① 如果洗涤剂溅到了眼睛里，千万不能用手去揉，以免加重刺激。

② 立即用清水冲洗眼睛，冲洗时可不停地眨眼以加快洗涤剂的外排。

③ 清洗后如无痛感，可滴一些眼药水用来抗菌消炎。

④ 如果仍然刺痛不止，应立即去医院做检查。

你真是越帮越"忙"！

小博士教知识

如何减少电子荧屏对眼睛的伤害？

① 在电脑等的显示屏幕前放置一块有色透明遮挡板，它除了可以吸收大部分有害射线外，还可以适当降低其亮度，减少对眼睛的闪烁刺激。

② 制订荧屏作业卫生规则，每工作一小时后立即休息一刻钟，全天接触时间尽量控制在4个小时之内。

③ 每天坚持做眼保健操，并进行体育锻炼。

④ 观看电视时应距屏幕2.5米以外，观看时间控制在一天3小时之内。幼儿和少年儿童要尽量少看电视，儿童不宜玩电子游戏机，成年人玩电子游戏机每次也要控制在40分钟左右。

链接 奇可、妙可的小笑话 ▶

奇可："我肚子疼……"

妙可："你今天吃什么了？"

奇可："我吃了一盒过期的酸奶。"

妙可："我知道了！给——"

奇可："我肚子疼，你为什么给我眼药水？"

妙可："治治你的眼睛吧，下次看清楚了再吃！"

小朋友，知道要怎样保护我们的眼睛吗？

13 妈妈的零食藏哪了？

探索小故事

奇可仰头望着柜子，一脸得意，妙可和毕加也兴奋地仰头望着。

奇可站在一张凳子上，使劲伸长胳膊去够最上面的柜门。

奇可摸到的白色颗粒"零食"原来是樟脑丸，妙可和毕加特别失望。

凳子侧翻，奇可摔在地上。

安全小保镖

小朋友要怎样规避攀高带来的危险呢？

① 家长不要把零食、玩具等小朋友感兴趣的东西藏到高处。

② 小朋友的平衡能力较差，架凳子攀取东西或爬高取物都容易摔下来。当没有大人看护时，小朋友千万不要独自攀高。

③ 小朋友骨骼脆弱，容易发生摔伤、骨折的现象，所以不要从高处往下跳。

④ 一旦摔伤或骨折，一定要及时到医院就诊。

毕加，加油，拿到了分你一半。

小博士教知识

为什么肥胖的孩子更容易骨折？

超重儿童出现肌肉、关节问题或发生骨折的概率比正常儿童高出3倍多。这是因为：

① 胖婴儿学会走路的时间要晚于正常婴儿，他们的关节部位负重过大，容易磨损，导致关节疼痛，还容易发育成扁平足、膝内翻或外翻，髋关节内翻等畸形。

② 胖孩子身体臃肿、动作不灵活，对各种刺激反应迟钝，避免意外伤害的能力比正常孩子弱。

③ 胖孩子"块头"大，一旦摔倒，身体所受冲击力比其他孩子猛烈，易造成关节及附近部位骨折，最常见的是股骨，其次是肱骨关节、尺桡骨等。

④ 肥胖孩子骨密度的增加落后于身高和体重的发育，骨骼过于脆弱，增大了骨质疏松及骨折的概率，且肥胖程度越严重，骨折风险就越高。

所以，我们要努力不做肥胖的孩子哦！

链接 **妙可的日记** ▶

奇可又闹笑话了。

昨天晚上，他一边看电视一边吃饼干，学着电视里的吃法，想蘸一些牛奶一起吃，结果蘸到了爸爸的烟灰缸里，吃了一口才发现不对劲。妈妈骂他不专心，他却笑嘻嘻地反驳："我是小牛顿呢！"啊！有这么不专心的牛顿吗？

小朋友，知道多吃零食有哪些不好吗？

14 呜呜，肚子疼！

探索小故事

奇可在一个烧烤摊前买了烤串，吃得满头大汗。

在放学回家的路上，奇可开始头痛。

奇可躺在床上，捂着肚子满头大汗。

医生警告奇可不要乱吃路边摊。

安全小保镖

吃错东西引发食物中毒了，我们该怎么办呢？

① 吃了东西后，如果感到头晕、恶心，很可能是食物中毒了。

② 用手指或筷子刺激舌根，引起呕吐，尽可能将胃里的东西吐出来。

③ 尽快去医院，让医生根据情况进行洗胃、导泻、灌肠等治疗。

④ 一定要详细地告诉医生你吃了哪些食物。

小博士教知识

中国"八大菜系"

中国饮食文化的菜系，是指在一定区域内，由于气候、地理、历史、物产及饮食风俗的不同，经过漫长历史演变而形成的一整套自成体系的烹饪技艺和风味，并被全国各地所承认的地方菜肴。

清代初期时，鲁菜、川菜、粤菜、淮扬菜成为当时最有影响的地方菜，被称作"四大菜系"。到清末时，浙菜、闽菜、湘菜、徽菜四大新地方菜系分化形成，共同构成中国传统饮食的"八大菜系"。

链接 **妙可的日记** ▶

今天上自然课，我又学到了新知识：野外的蘑菇不能随意采摘食用。

大人们常说："越是颜色鲜艳的蘑菇，毒性越强。"我们也常听说食用野生蘑菇中毒死亡事件。老师说："毒蘑菇与可食用蘑菇在外观上没有明显区别。"总之，在野外不要随意采摘蘑菇食用。

小朋友，你会被路边摊的小吃诱惑吗？

15 这个叔叔没见过

探索小故事

在小区楼下，一个陌生人拦住了奇可。

奇可脑袋里冒出个大大的问号。

陌生人一边说一边指着医院方向，奇可半信半疑地准备跟他走。

正在这时，妈妈回来了，陌生人仓皇逃窜。

安全小保镖

遇到陌生人，我们应该怎么处理呢？

① 在家时不要轻易给陌生人开门，不要单独外出。

② 不要随便吃陌生人的东西，更不要随便跟陌生人走。

③ 如果陌生人说他是某某工作人员，需要让他出示证件以便查验。

④ 如果感觉到危险，就要争取机会打电话给父母、邻居或打110报警。

小博士教知识

古代的人是否有身份识别的证件？

古代老百姓几乎碰不上非要证明自己身份的事儿，如果有需要，凭书信或信物办理即可，没有国家统一发行的身份证明。但官员因为身份特殊，就必须持有国家统一制作的"身份证"，才能确认身份，享受特权。唐朝时，鱼符就是用来证明官员身份的符信，其来源可以追溯到上古调动军队用的虎符。清代又有"腰牌"一说，即系在腰间作为出入通行证使用的牌子。另外，由于古代的僧人道士在社会上享有一定的特权，如免税等，因此他们也需要有身份证明。他们的身份证就是"度牒"，度牒是僧道出家时，由官府颁发的凭证。

链接 妙可的日记 ▶

今天我又出丑了。

在北京当解放军的表舅舅到我家来玩，当时妈妈不在家，我怕遇上人贩子，就把他堵在门外不让他进门，还让他把证件拿给我看……

后来，妈妈回来时一直埋怨我没礼貌。

但表舅舅非但不生气，还要妈妈好好表扬我呢！他说大家都要具备我的这种警惕性！

我没有身份证，会不会主人哪天不让我进门呢！

毕加的小提问

小朋友，我们能把自己的身份信息和爸爸妈妈的联系方式告诉陌生人吗？

16 暗夜魔爪

奇可和妙可一起看恐怖片，一边看得津津有味，一边吓得满头大汗。

突然，屋子一片黑暗。

黑暗中，一双眼睛有些发光，一只爪子搭到奇可的腿上……

灯亮了，原来是毕加走过来依偎在他们身边。

49

安全小保镖

家里停电了，我们该怎么办呢？

① 停电时不要惊慌，保持镇定。

② 打开窗户看看邻居家是否也停电，如果没有，向他们求助。

③ 千万不能自己动手拉电闸，以免触电。

④ 没来电前，使用手电筒或应急照明灯照明，点蜡烛容易引发火灾。

小博士教知识

狗的眼睛为什么会在黑暗中发光？

狗的眼睛其实并不能发光，也就是说它本身不是光源。事实上，狗的眼睛发光和马路上反光标发光的原理是完全一样的，因为狗的眼睛视网膜后面有一簇小镜子似的物体，在有朦胧的月光或星光的时候，这种物体就可以反射月光和星光，所以看起来像是发光了。

让我看看，为什么你的眼睛会发光呢？

链接 **奇可、妙可的小笑话** ▶

妙可：呀，停电了，没空调怎么受得了啊！

奇可：别急，我们去客厅吹风扇吧！

毕加的小提问

小朋友，知道电是怎么来的吗？

17 哇，眉毛不见啦！

探索小故事

爸爸在对着镜子用电动剃须刀刮胡子，奇可特别好奇。

奇可翻出爸爸的电动剃须刀，对着镜子准备尝试。

电动剃须刀从奇可的脸上刮过去，一条眉毛不见了！

奇可背着书包沮丧地走在上学路上，从他身边经过的人都小声议论着。

安全小保镖

小朋友，我们为什么不能使用爸爸的剃须刀呢？

① 小男子汉的胡子还没有长出来呢，所以就不要好奇去尝试剃胡须啦。

② 小女孩也不要拿剃须刀去剃自己的汗毛之类的，因为汗毛从毛囊里长出来，使用不慎容易对毛囊造成伤害。

③ 剃须刀内有刀片，刀片上有很多细菌，如果划破皮肤，伤口很容易感染，所以小朋友不能独自使用剃须刀。

④ 千万不要模拟电视剧情节，用剃须刀割自己的手腕，这样会有生命危险。

小博士教知识

男人为什么会长胡子？

青春期后的男性一般都会长胡子，而且胡子比头发长得快，这是雄性激素作用的结果。生殖机能越旺盛，胡须生长就越快。长胡子部位的血管分布要比头发根部多，养分也容易得到，所以刚刮去胡子过几天就又长出来了。有专家将刮下来的胡须用气相色谱仪分析，发现有数十种有害物质（吸附了空气中的），如

留胡子不卫生呢，毕加……

二氧化碳、氮氧化物、苯并芘及铅等重金属元素。在显微镜下，还可见到胡须上有大量的微生物。这些有害物质有可能随着人的呼吸，被吸入呼吸道，危害人体健康。因此，小朋友要劝爸爸和爷爷最好不要留胡子。

发生在家里的怪事情

链接 奇可的小笑话 ▶

爷爷："奇怪，我怎么头发全是黑的，胡须却越来越白了呢？"

奇可："我知道，因为圣诞节要到了！您要扮成圣诞老人给我们送礼物了！"

 小朋友，爷爷奶奶的头发为什么会变白呢？

18 我家的房子会跳舞？

妙可随着音乐在跳舞，她叫奇可也跟她一起跳。

奇可连连摇手。

房子摇晃，奇可和妙可被晃得东倒西歪。

奇可和妙可护住头躲在"活命三角区"内。

安全小保镖

如果发生地震了，我们该怎么办呢？

① 地震来了，一定要保持镇静，如果住在高楼上，千万不能乱跑，更不要跳楼逃生。

② 尽快躲进厨房或卫生间，或者大件家具的旁边，紧挨家具站着。

③ 用棉被、枕头、靠垫、书包等物品护住头部，以免被重物砸伤。

④ 如不幸被埋在废墟里，要减少盲目的呼救，保存体力，耐心等待救援。

难道地震啦？

小博士教知识

什么是地震"活命三角区"？

当建筑物倒塌时，墙体和房梁倒下后，会与室内物体形成一个三角空间，这个空间就称为"活命三角区"。物体越大、越坚固，这个空间就会相对更大、更安全，如果地震时，你来不及逃离，就应该就近躲进"活命三角区"。

链接 **奇可、妙可的小笑话** ▶

妙可：奇可，快醒醒，快醒醒，这房子好像在摇晃，可能要倒了！

奇可：吵什么呀，倒就倒吧！反正是外婆家的房子，又不是我们家的！

小朋友，知道地震会带来什么样的破坏吗？

19 不准偷菜

奇可躲在书房里偷偷上网，玩"开心农场"，妙可打开冰箱门大声问奇可。

奇可在书房玩得正起劲，对着电脑自言自语。

妙可一脸莫名其妙地站在书房门口问奇可。

妙可生气了，奇可赶紧关了电脑，说："还是吃南瓜吧！"

安全小保镖

怎么才能有效地防止网瘾的发生呢?

① 如果网瘾真的发生了,那只能靠心理调节来解决问题。小朋友们要有意地了解网瘾带来的各种害处,形成对网瘾的抵抗力。

② 平时要多和小朋友们交流,增加对网络的认识和了解。

③ 还要学会自我管理,和自己约定在一段时间内上网的时间,也可将书面的约定交给父母、老师或同学,请他们监督自己。

你一定要监督我,每次上网不超过30分钟。

小博士教知识

阅读纸质书的好处:

① 纸书不伤眼睛,电脑屏幕对眼睛有伤害。

② 纸书随时随地可以看,还能在上面做笔记。

③ 看过的纸质书堆在一起,真有成就感啊!

链接 **奇可的日记** ▶

今天上课时我开小差了，惹来好多同学笑话我！

上植物课的时候，老师正在跟我们讲："马铃薯，也就是土豆，有很高的营养价值……"我当时正在想着"开心农场"游戏，就自言自语地说："人参的价值更大呢，就是成熟得慢了点！"结果被好多同学听见了，他们全都哈哈大笑起来。老师弄明白以后，也笑着说："奇可，你以后要少玩"开心农场"啦！学习不好，你会不开心的！"

小朋友，去过真正的农场种过菜吗？

20 打雷啦！下雨啦！

探索小故事

奇可、妙可两个人在家，窗外突然黑了下来，妙可准备打开电灯。

奇可盯着家里的挂钟，显示还是上午十点钟。

奇可、妙可在阳台上被风吹得连连后退，豆大的雨点打在他们身上，天上电闪雷鸣。

奇可、妙可慌忙关上窗户，迅速躲进房间内。

安全小保镖

遇到雷雨天气，我们应该怎么做呢？

① 遇到雷雨天气，一定要立即关好门窗并远离窗户，防止雷电入室伤人。

② 及时关闭电视、音响等家用电器，并拔下电源插座。

③ 切记不要接、打电话。

④ 家住高楼的小朋友一定不要到阳台上去玩，以免遭到雷击。

不要引雷！

小博士教知识

富兰克林在雷雨中放风筝发现了电

过去，人们对大自然中的雷电现象充满了神秘和恐惧之感。18世纪美国科学家富兰克林对划破长空的闪电、震耳欲聋的雷鸣产生了浓厚的兴趣，为了解开雷电之谜，他做了一次常人不可思议的冒险试验。

1752年7月的一天，雷电交加，富兰克林带着儿子来到郊外做了一次风筝吸引天电的实验。他预先精心制作了一只白色丝绸风筝，为了导电，在风筝上安装了一根很细的金属导电棒。风筝用绳系住，绳的末端分成两支：一支系一片铜钥匙，另一支接一小段丝绳。风筝随风徐徐升上天空，突然，天空中"咔嚓"一道明亮的闪电划过，顿时大雨如注，有如倾盆。瞬间，富兰克林全身湿透，手中隐隐有些麻木之感。他知道此时风筝已导电，心中一阵欣喜紧张，便小心地伸出左手去靠近那片铜钥匙，尚未触及之时，铜钥匙立即有了反应：火花向手指射来。富兰克林感到一阵麻木，被狠狠地弹倒在地，手中一松，风筝升空而去。他爬起来，高兴地一把抱住儿子，欣喜万分。他终于发现这种火花就是电，它和实验室里的电火花完全一样，接引雷电的实验终于成功了。

链接 **奇可、妙可的小笑话** ▶

妙可："奇可，你在干嘛？要下雨了，还不进去？"

奇可："你看我的……"

妙可："你怎么拿根金属丝插到蓄电瓶上？还丢到了外面！"

奇可："嘘……我在接收雷电，储存起来等停电的时候用！"

妙可："还不快走，危险！"

毕加的小提问

　　小朋友，如果在野外遭遇雷雨天气，应该怎么规避危险呢？

21 我是红孩儿

奇可用打火机打起大大的火苗，嘟着嘴巴吹得火苗四处扭动。

火苗吹到了毕加的身上，烧着了毕加的毛，痛得它"汪汪"大叫。

妙可抱着毕加，对奇可怒目而视。

奇可收起打火机，真诚地跟毕加道歉。

安全小保镖

我们应该怎样安全使用打火机？

① 打火机里都是易燃气体，不小心会烧伤自己，所以小朋友不要玩打火机。

② 不要把打火机放在电暖器、电磁炉等发热物品旁，那样容易引发火灾。

③ 废弃的打火机千万不要扔进火堆里，那样容易引发爆炸。

④ 看见别的小朋友在玩打火机，我们要加以制止。

可怜的毕加被吓坏了。

小博士教知识

防风打火机为什么能防风？它难道不用燃气的吗？

　　利用伯努利原理，防风打火机使用较高的速度喷出气体，可以在打火机的气流通道上合适的部位形成更低的压力，以将更多的空气"吸"进来，并和打火机的燃气充分混合，剧烈反应、燃烧，火焰形成的高温使气体更加膨胀，压力增大，使火焰以较高的速度喷出。所以，防风打火机在有风的情况下也不容易熄灭。如果火熄灭了，高温的金属网罩会瞬间再次点燃火。

链接 **奇可的小笑话** ▶

圣诞节，学校的外教老师准备给同学们烤火鸡。

奇可："老师，要不要打火机？"

老师："打火鸡？NO，NO，NO，不能打它！"

小朋友，知道为什么坐飞机不让随身携带打火机吗？

醉人的"可乐"

奇可在家里的橱柜里发现了一缸褐色的液体，兴高采烈地准备倒来喝。

奇可一边抹着嘴，一边摸着头想不明白。

奇可醉倒在地上，"呼噜呼噜"地睡着了……

妙可捏着鼻子去推奇可，毕加连连甩头打起了喷嚏。

安全小保镖

小朋友要怎样避免误喝酒类饮料?

① 不要随便拿家里不明用途或未知名称的东西来解渴。

② 爸爸妈妈也应该把烟酒、药品等不能随便接触的东西收藏在孩子接触不到的地方。

③ 一旦误食了酒,赶紧用手或筷子压舌根催吐,缓解醉酒程度;重度醉酒很容易引起脑瘫,因此必须及时送医院诊治。

④ 当醉酒者昏睡时,应屈身侧睡,将其头偏向一侧,避免呕吐物吸入肺内,以防窒息。

小博士教知识

可乐喝太多有什么害处?

① 可乐含糖量多,一听可乐所含糖分相当于八块方糖,经常喝会导致肥胖。

② 可乐会腐蚀牙齿,影响牙齿美感,喝多了还会对胃造成损伤。

③ 可乐会导致身体中的钙流失,如果喝了过多的可乐,轻者会导致精神不佳、头晕,重者会导致休克。所以青少年要少喝可乐。

白开水的营养价值

链接 **奇可的小笑话** ▶

爸爸："对了，今晚回家会比较晚，大学同学聚会！"

奇可："记得回家前到门口的药店买点醒酒药。"

爸爸："为什么？"

奇可："不记得以前妈妈是如何审问你的了？"

毕加的小提问

小朋友为什么不能喝酒呢？

23 戴口罩的阿姨

隔壁的林阿姨戴着口罩，奇可和妙可觉得很奇怪。

奇可幸灾乐祸地想……

奇可偷偷跟着林阿姨，妙可追着想制止他。

医生叮嘱林阿姨切记要戴着口罩，避免传染。

安全小保镖

小朋友，知道应该怎样避免交叉感染吗？

① 出入公共场合时，自觉戴上口罩。

② 不去医院等其他人多的场地。

③ 平时加强锻炼，增强免疫力。

④ 养成良好的卫生习惯，如使用公筷等。

小博士教知识

如何预防感冒？

① 勤洗手。

② 多吃蔬菜、水果、粗粮、多喝水。

③ 不去人多的地方，保持室内通风。

④ 勤锻炼身体，增强体质。

发生在**家**里的怪事情

链接 **奇可、妙可的小笑话** ▶

奇可："我发现你得传染病了！"

妙可："啥？什么病？"

奇可："花裙子传染病！从林贝贝穿第一条花裙子开始，你看班上多少花裙子了！你还穿！"

妙可："我喜欢得这病，你管不着！哼……"

小朋友，知道怎样正确洗手吗？

24 触电的感觉真难受

探索小故事

奇可的电动玩具没电了，他很沮丧。

奇可拿起一根金属丝，一头系在小汽车上，一头准备插进家里的电源插座。

奇可触电了，头发被电成爆炸式，满脸乌黑。

妙可和毕加被奇可吓坏了。

安全小保镖

小朋友，我们应该怎样安全用电？

① 家里的电源插座最好采用隐蔽式的，不要用湿手去触摸电源开关，不要用金属物品去接触插座。

② 如遇触电，应该迅速关掉开关，切断电源。

③ 如果电源无法切断，千万不要直接去接触触电者身体，应用木棍挑开其身上的电线或穿橡胶鞋、带橡胶手套，将触电者搬离电源。

④ 如果有人触电心跳已停止，要立刻将其移至通风处，并解开衣扣等束缚物，然后进行人工呼吸或胸外心脏挤压，还要尽快拨打120急救电话。

小博士教知识

教你一些实用的节电小窍门：

① 把普通白炽灯换成节能灯，可节电4/5。

② 把夏季空调设置在26~28度，可大量节电。

③ 电冰箱与墙之间留出足够的空隙，可节电20%。

④ 电视机不宜开得太亮，音量也不宜太高，每增加1瓦的音频功率，要增加3~4瓦的电耗。

⑤ 使用电饭煲煮饭时用温水或热水，可节电30%。

链接 **奇可、妙可的小笑话** ▶

妙可："啊，我今天见到我的偶像啦！"

奇可："什么感觉？

妙可："触电的感觉！"

奇可："呃……那挺难受的！"

你触电了？

小朋友，知道有哪些省电的好方法吗？

25 喜欢喝血的菜刀

奇可和妙可在玩一个透明的塑料球，球里面装有一条活灵活现的塑料假小鱼。

妙可一边说一边想象着小鱼在小溪里自由地游着。

奇可从厨房拿来菜刀，准备像切西瓜一样剖开那个透明塑料球。

奇可一不小心割伤了手，握着滴血的手直叫唤，妙可赶紧找来了创可贴。

安全小保镖

如果不小心割伤了自己，我们该怎么做呢？

① 小朋友不要轻易动用家里的刀具。

② 如果不小心割伤自己，应立刻用干净的水清洗伤口。

③ 伤口比较浅时，可以自己涂抹碘伏消毒处理，并贴上创可贴。

④ 伤口较大较深的话，一定要尽快去医院进行消毒和缝合处理。

小博士教知识

厨房里的安全注意事项：

① 避免被滚烫的油溅到。

② 使用燃气灶后要记得关燃气。

③ 不要去拿放在高处的开水瓶、刀具等。

发生在*家*里的怪事情 ▶▶▶

链接 **奇可、妙可的小笑话** ▶

妙可："你今天的话像刀子一样伤人，你看道明都气成啥样了？"

奇可："哈哈，我还是用的刀背呢！要是用刀锋，保管让他气得更厉害！"

妙可："你就得意吧！以后说话小心点！"

小朋友，知道怎样安全使用厨房用品吗？

发生在家里的怪事情

奇可和妙可的爸爸妈妈都出差了，照顾他们的外婆也临时有事出去了。于是，这对淘气的双胞胎和一只宠物狗就在家里上演了一通"小鬼当家"：遭遇陌生叔叔、遇到入室小偷、不小心电路起火、天然气泄漏、烫伤、咬伤……"事故"层出不穷，幸运的是一次次都化险为夷。不光是妙可，就是胆大的奇可，也常常被吓得哇哇大哭。这些"事故"你也遇到过吗？遇到这些情况时你该怎么做？嗯，别急，咱们一起去看看奇可和妙可的"当家历险故事"，学一学他们的家庭自救方法——

校园里的安全隐患

奇可和妙可在同一学校同一班级上学。在学校，奇可是有名的淘气大王，也是班上男同学中的"大王"，经常带领班上的男同学一起捣蛋，遇到事情一定冲在最前面；妙可是他们班的纪律委员，可是最让她头疼的就是自己的哥哥奇可啦！不过，因为有安全秘籍，虽然惊险不断，奇可和妙可每天都能平平安安地上学。

游戏也疯狂

奇可和妙可都喜欢玩游戏，尽管奇可喜欢玩的是探险游戏、枪战游戏，而妙可喜欢玩的是橡皮筋游戏、捡石子游戏。但妙可有时候也会被奇可拖去"探险"，奇可有时候也被妙可"抓丁"。游戏虽然好玩，可也隐藏着很多危险，要怎样才能在安全的情况下玩得尽兴呢？让我们一起来看看——

野外遇险大考验

"走，探险去！"每到周末，奇可就兴致勃勃地去外面"探险"：要么是小区那个黑黑的储存室，要么是郊外那片树林……尽管妙可有些害怕，但她还是挺享受这种自由自在的时刻。虽然在"探险"途中，奇可和妙可遇到了不少险情，但因为他们的机智、镇定、勇敢，所以能够一次次顺利避险。这样的经历既增加了他们对大自然的认识，也学到了不少的避险知识。怎么样？让我们一起来看看奇可和妙可的探险故事吧——